Ramesh Amule
Om Gupta
Dinesh Kumar Pancheshwar

Técnicas de rastreio de genótipos de grão-de-bico contra a podridão do colo

Ramesh Amule
Om Gupta
Dinesh Kumar Pancheshwar

Técnicas de rastreio de genótipos de grão-de-bico contra a podridão do colo

A sua gestão através de plantas resistentes e fungicidas

ScienciaScripts

Cover image: www.ingimage.com

This book is a translation from the original published under ISBN 978-3-659-82706-8.

Publisher:
Sciencia Scripts
is a trademark of
Dodo Books Indian Ocean Ltd. and OmniScriptum S.R.L publishing group

120 High Road, East Finchley, London, N2 9ED, United Kingdom
Str. Armeneasca 28/1, office 1, Chisinau MD-2012, Republic of Moldova, Europe
Printed at: see last page
ISBN: 978-620-8-34468-9

RECONHECIMENTO

Inclino a minha cabeça com grande reverência aos pés piedosos do Todo-Poderoso Senhor Hanuman, que prevalece em todos os vivos e mortos, e é o verdadeiro curso por detrás de todo e qualquer efeito.

É com grande prazer e privilégio que expresso a minha mais profunda gratidão e os meus sinceros cumprimentos à minha venerada professora e Presidente do Comité Consultivo, Dra. (Smt.) Om Gupta, Cientista Principal (Patologia Vegetal), Responsável pelo Projeto, AICRP sobre grão-de-bico (centro principal), Departamento de Melhoramento Vegetal e Genética, JNKVV, Jabalpur (M.P.), pela inspiração constante, pelo interesse sustentado, pela orientação competente e pelas críticas construtivas e hábeis que me permitiu realizar e concluir este estudo.

Estou muito grato aos membros do meu comité consultivo, o Dr. Jayant Bhatt, Professor do Departamento de Fitopatologia, a Dra. (Smt.) Anita Babbar, Cientista Sénior (Reprodução de Grão-de-bico) do Departamento de Reprodução e Genética de Plantas e o Dr. R. B. Singh, Professor Associado do Departamento de Matemática e Estatística, pelos seus valiosos conselhos oportunos, pela sua ajuda competente e pelo seu encorajamento durante todo o período de investigação.

Agradeço vivamente ao Dr. A. G. Nema, Prof. e Diretor do Departamento de Fitopatologia, ao Dr. R.K. Verma, ao Dr. U.K. Khare, ao Dr. M. S. Bhale, à Dra. (Smt.) Usha Bhale, à Dra. Sushma Nema, ao S.P. Tiwari e ao Dr. A. R. Wasnikar Department of Plant Pathology, JNKVV, Jabalpur, pela orientação e ajuda durante a investigação do curso.

Estou extremamente grato ao Prof. Gautam Kalloo, Hon'ble Vice-Chanceler, JNKVV, Jabalpur, ao Dr. S. S. Tomar, Reitor, Faculdade de Agricultura e Diretor dos Serviços de Investigação, JNKVV, Jabalpur e ao Dr. R. S. Khamparia, Reitor, Faculdade de Agricultura, Jabalpur, por disponibilizarem as instalações.

Estou grato a todos os meus superiores Bharti Gangrade, Dinesh Pancheswar, Bhupendra Thakre, Madhuri Mishra, Shashank Ranjan, Dharmveer Dhakad e Radheshyam Rathore pela sua ajuda direta ou indireta de várias formas.

Devo deixar registados os meus mais sinceros agradecimentos a todos os meus queridos amigos Kamlesh, Anand, Amrita, Ashish, Ajit, Jyoti, Tushar, Mukesh, Pramod e ao meu querido irmão Pappu pela sua ajuda, encorajamento constante e companhia alegre.

Por último, mas não menos importante, desejo exprimir o meu mais profundo sentimento de estima e amor ao meu pai Shri K. L. Amule, à minha mãe Smt. Durgen

Amule, ao meu irmão mais velho Nandkishor Amule, à minha irmã mais velha Smt. Manju Gautam e ao meu Jijaji Shri Manohar Gautam e o meu mais profundo afeto e amor pelos meus sobrinhos, Sagar e Aman, cujo apoio moral, amor e afeto têm sido fonte de inspiração ao longo da minha carreira académica.

Ramesh Amule

ÍNDICE

CAPÍTULO- 1
INTRODUÇÃO

Na agricultura indiana, as leguminosas desempenham um papel importante não só do ponto de vista económico, mas também devido ao seu valor nutricional. Entre todas as leguminosas, o grão-de-bico é a mais importante, sendo uma fonte rica em proteínas (21%), hidratos de carbono (61,57%) e vitamina C.

A produção mundial total de grão-de-bico é de cerca de 8,5 milhões de toneladas métricas por ano e é cultivada em cerca de 10 milhões de hectares de terra. O grão-de-bico desi contribui para cerca de 80% da produção total. A Índia é o maior produtor de grão-de-bico, contribuindo com cerca de 70% (6 milhões de toneladas) da produção total mundial. Para além da Índia, a Turquia (7%), o Paquistão (5%), o Irão (3%), o México (3%), a Austrália (2%), o Canadá (2%) e a Etiópia (2%) foram considerados os outros principais países produtores de grão-de-bico do mundo (Agri. Statistics at a glance, 2005-06).

O grão-de-bico é a cultura de leguminosas mais dominante na Índia, tanto em termos de área como de produção. O ano de 2008-09 registou um aumento significativo da área cultivada com grão-de-bico (8,25 milhões de hectares), a mais elevada dos últimos 10 anos. Do mesmo modo, a produção de grão-de-bico (7,05 milhões de toneladas) também ultrapassou o recorde dos últimos 50 anos, com a produtividade mais elevada (855 kg/ha) jamais registada na história da Índia (Res. Highlights, 2008-09).

Os Estados produtores de grão-de-bico na Índia são Madhya Pradesh, Uttar Pradesh, Rajasthan, Maharashtra e Andhra Pradesh. O Madhya Pradesh contribui com 46,2% da produção total de grão-de-bico do país. Em Madhya Pradesh, ocupa o 1º lugarst tanto em área (2,8 m. ha.) como em produção (2,37 m. tons) e a produtividade média é estimada em 926 kg./ha. Agri. Statistics at a glance, (2008-09).

O Madhya Pradesh tem o privilégio de cultivar uma vasta gama de variedades de grão-de-bico, que se dividem em três tipos: desi, gulabi e kabuli e que são cultivadas como cultura única ou misturada com trigo, mostarda, lentilhas, etc. O grão-de-bico é afetado por várias doenças transmitidas pelas sementes, pelo solo e pelo ar, responsáveis pela diminuição do seu rendimento. Os agentes patogénicos transmitidos pelo solo, como *Sclerotium rolfsii* (podridão do colo), *Fusarium oxysporium* f. sp. *ciceri* (murchidão vascular) e *Rhizoctonia bataticola* (podridão seca da raiz), são responsáveis por causar doenças desde a fase de plântula até à floração e à formação de vagens.

A podridão do colo causada por *Sclerotium rolfsii Sacc.* é uma importante doença do grão-de-bico transmitida pelo solo, que provoca a podridão das sementes e a mortalidade das plântulas na fase inicial de crescimento da cultura, até 45 dias. A mortalidade varia entre 54,7 e 95% na Índia (Kotasthane *et al.* 1976), causando uma redução significativa da população de plantas. Tem uma vasta gama de hospedeiros (Aycock 1966, Punja 1988). O agente patogénico é um fungo omnívoro transmitido pelo solo, que parasita a raiz e a região do colo da planta, produzindo assim sintomas semelhantes aos da murchidão. Geralmente, a doença é grave em regiões de solo argiloso e mais prevalente em sistemas de cultivo à base de soja e arroz. Observa-se geralmente quando a humidade do solo é elevada e a temperatura é quente na fase de plântula. As plântulas afectadas ficam amarelas e morrem. As plântulas geralmente colapsam e apresentam podridão na região do colo e abaixo. A literatura disponível revela que diferentes técnicas de rastreio foram utilizadas pelos cientistas para descobrir as fontes resistentes, mas não existe um desempenho comparativo das técnicas de rastreio no que respeita à identificação de fontes resistentes.

- Descobrir as técnicas de rastreio eficazes para avaliar os genótipos de grão-de-bico contra a podridão do colo
- Para descobrir as fontes de resistência

CAPÍTULO- 2
REVISÃO DA LITERATURA

O *Sclerotium rolfsii* sacc. tem importância económica como agente patogénico, principalmente nas regiões tropicais e subtropicais, nomeadamente no Sul dos Estados Unidos, na América Central e do Sul, nas Índias Ocidentais, nos países do Sul da Europa que fazem fronteira com o Mediterrâneo, em África, na Índia, no Japão, nas Filipinas e no Havai.

O grão-de-bico é a cultura de leguminosas mais cultivada na Índia. É atacado por doenças transmitidas pelo ar, pelas sementes e pelo solo. Entre as doenças do solo, a podridão do colo causada por *Sclerotium rolfsii* Sacc. é a doença mais importante, causando grandes perdas na fase de plântula da cultura. Na Índia, a doença foi registada pela primeira vez por Butler (1918). Kotasthane *et al.* (1976) registaram uma mortalidade de plântulas que varia entre 54,7 e 95%. As plântulas afectadas ficam amarelas, podendo ser facilmente arrancadas. O fungo é colocado no género Sclerotium por Saccardo (1913), uma vez que forma esclerócios diferenciados e micélios estéreis. O fungo é caracterizado por pequenos esclerócios esféricos castanhos a castanho-escuros ou pretos com córtex e medula internamente diferenciados e foi colocado no género *Sclerotium* (Punja e Rahe, 1992).

Histórico

Em 1892, Peter Henary Rolfs publicou pela primeira vez uma descrição de uma nova doença do tomateiro, causada por florídeos, e registou perdas até 70%. Mais tarde, Saccardo designou o fungo por *Sclerotium rolfsii* em 1911, que continua a ser um problema numa variedade de culturas quando as condições são quentes, húmidas e chuvosas. Atualmente, esta doença ocorre em todo o mundo na zona equatorial entre 45^0 N e $28{,}5^0$ S de latitude.

Mais tarde, em 2000, Ansari *et al.* demonstraram que *S. rolfsii* é um dos agentes patogénicos polifágicos graves que causa doenças em cerca de 500 espécies de plantas.

Sintomatologia e identificação

Os esclerócios são normalmente produzidos após cerca de uma semana, mas podem começar a desenvolver-se em quatro dias. Foi observada uma gota aquosa ou um exsudado de cor âmbar na superfície dos esclerócios (Weber, 1931; Curzi, 1932).

Ding *et. al.* (2005) estudaram os efeitos da temperatura, pH, luz, humidade, nutrientes e fungicidas no crescimento de *S. rolfsii* e referiram que a gama de temperaturas para o crescimento micelial era de 13-40° C e o crescimento ótimo a 3Γ C. A gama de pH era de 2-9, e o crescimento ótimo era a pH 6. A luz vermelha era a melhor luz para o crescimento fúngico. A gama de temperaturas para a germinação de esclerócios foi de 16-40o C, com a germinação óptima a 34 o C. A gama de pH foi de 2 -10, sendo o ótimo a pH 3-4 para a germinação de esclerócios sob 100 por cento de RH + água, os esclerócios puderam germinar bem.

Técnicas de rastreio e resistência do hospedeiro

Agrawal *et al.* (1976) registaram a suscetibilidade das plantas de lentilhas a *Sclerotium rolfsii* em diferentes fases de crescimento em ensaios em vasos em Jabalpur. A mortalidade das plântulas foi mais elevada quando inoculadas imediatamente após a sementeira, tendo diminuído com a idade da planta.

Kotasthane *et al.* (1976) registaram uma mortalidade de plântulas de grão-de-bico que variava entre 54,7 e 95% na fase inicial de crescimento da cultura, até 30-35 dias.

Gurha e Dubey (1983) encontraram possíveis fontes de resistência no grão-de-bico contra *S. rolfsii* (H 208, K 902, K 850, ICC 5105, ICC 6161) como tolerantes.

Karat *et al.* (1985) observaram que a doença da podridão do colo é importante em culturas de sequeiro, mas é menos grave sob irrigação, onde é facilmente controlada por alterações no calendário. Das 8 cultivares avaliadas no campo, apenas a NP-3 permaneceu livre de infeção.

Chitle *et al.* (1990) registaram as variedades RSG 130 e RSG 132 como resistentes e a RSG 191 como moderadamente resistente à podridão do colo.

Reddy *et al.* (1990) registaram variedades de grão-de-bico resistentes à murchidão e à podridão do colo. A avaliação foi efectuada no centro ICRISAT durante as épocas de 1985-86 a 1988-99, com uma linha da cultivar suscetível JG 62 entre cada segunda linha de linhas de ensaio. A mortalidade da JG 62 em todas as quatro épocas foi de 100 por cento. As linhas avrodhi e ICC 48, que foram testadas em todas as épocas, registaram uma mortalidade inferior a 20%, enquanto a linha GCP 6, que foi testada em três épocas, também registou uma mortalidade inferior a 20%.

Sugha *et al.* (1991) desenvolveram técnicas para o rastreio de variedades de grão-de-bico contra a podridão do colo causada por *S. rolfsii*, em que um grão de trigo totalmente coberto com micélio do patogénio na região do colo de uma plântula com 7 dias de idade foi colocado num vaso contendo solo de jardim esterilizado. A mortalidade das plântulas começou em 48 horas.

Kraft *et al.* (1994) estudaram os fungos patogénicos de leguminosas alimentares de estação fria, incluindo o míldio das sementes e das plântulas, as podridões radiculares e as murchas. As doenças das sementes e das plântulas são causadas principalmente por *Pythium* e *Rhizoctonia spp.* Os fungos mais importantes que causam podridões radiculares incluem *Aphanomyces euteiches, Fusarium solani, Pythium spp., Sclerotium rolfsii* e *Macrophomina phaseolina.*

Haware e Rao (1994) utilizaram solo infetado com inóculo de esclerócio desenvolvido em cascas de amendoim para estudar a reação de 12 cultivares de grão-de-bico contra o agente patogénico da podridão do colo.

Gupta (2001) fez estudos sobre a reação de genótipos de grão-de-bico contra a podridão do colo utilizando um meio de envasamento misturado com palha de trigo, meio de areia @ 50g. inóculo por 2 kg de mistura de areia esterilizada + solo (1:1), além de 423 genótipos de grão-de-bico desi e kabuli contra a podridão do colo em parcelas doentes de doenças múltiplas, revelando 5 genótipos de tipos desi e 4 de tipos kabuli como resistentes e 39 como moderadamente resistentes (Gupta e Babbar 2003).

Pandey e Pandey (2005) relataram que a condição necessária para o melhor resultado da técnica de inoculação de *S. rolfsii* é proecolonizar as sementes de feijão-caupi ou o material hospedeiro até à fase de micélio ativo durante -7 dias, inocular uma planta de teste fazendo uma ligeira picada de alfinete, colocar o inóculo apenas na linha superior do solo, manter o pedúnculo do solo pulverizado com 10-20% de humidade, temperatura diurna de 25-35 graus c e humidade relativa 80-90%.

Hussain *et al.* (2005) avaliaram cinquenta e sete acessos de germoplasma de grão-de-bico em condições de estufa para identificar fontes de resistências genéticas contra a doença da podridão do colo causada por *Sclerotium rolfsii*. Apenas um genótipo, FLIP 97-174C, foi considerado altamente resistente, enquanto cinco genótipos, FLIP 00-55C, ICC-4936, ICC-13051, ICC-12961 e ICC-14911, foram identificados como resistentes. Vinte genótipos foram considerados moderadamente resistentes (tolerantes), enquanto os restantes 31 foram susceptíveis a altamente susceptíveis.

Hussain *et al.* (2006) estudaram os efeitos do potencial de inóculo, da idade da plântula (6, 12, 18, 24 e 30 dias) e do tipo de solo (argiloso, franco-argiloso, franco-arenoso e arenoso) na incidência da doença da podridão do colo do grão-de-bico causada por *Sclerotium rolfsii*. Entre as técnicas de inoculação, a utilização de inóculo sob a forma de grãos de trigo totalmente impregnados com micélio do agente patogénico foi considerada simples, viável e altamente eficaz. As plântulas mais jovens foram mais susceptíveis, e a suscetibilidade diminuiu com o aumento da idade das plântulas.

Gupta e Babbar (2006) analisaram 233 genótipos de grão-de-bico desi e kabuli, com 38 linhas promissoras contra a podridão do colo (*Sclerotium rolfsii),* a podridão seca da raiz *(Rhizoctonia solani)* e a murchidão vascular (*Fusarium oxysporum f. sp.* ciceris) numa parcela doente com várias doenças em Jabalpur, Madhya Pradesh, Índia. Cada genótipo foi alternado com uma única linha de controlo suscetível (JG 62) e de controlo resistente (JG 63). Os genótipos H 99-264, PG 9425-5 e PG 9425-9 (desi) e HK 00297 e PG 97313 (kabuli) apresentaram resistência contra os três agentes patogénicos. WCG 9729, WCG 97-37, IPC 97-72 e H 00-256 (desi) mostraram menos de 10% de mortalidade para as podridões do colo e da raiz seca. Estes genótipos são fontes valiosas de resistência e podem ser explorados para utilização em programas de melhoramento para desenvolver cultivares de alto rendimento com resistência múltipla a doenças.

Gupta e Mishra (2009) referiram que, das 1229 linhas de germoplasma de grão-de-bico analisadas contra a podridão do colo em 2001-06, 12 acessos foram considerados isentos da doença sob elevada pressão da doença.

Avaliação de fungicidas:

Baker (1988) relatou que o tratamento de sementes com Vitavax 200, Tharide-75 teve um efeito significativo na redução da podridão do colo, enquanto Bavistin (Carbendazim), Benlate e Ridomil não diferiram significativamente do controlo.

Haralpur (1988) relatou resultados in-vitro do tratamento do solo e das sementes, segundo os quais o agente patogénico foi inibido pelo Vitavax (Carboxin) Thiram e por outros dois fungicidas.

Sahu *et al.* (1990) observaram uma zona de inibição em torno das sementes de amendoim tratadas com Vitavax 75 WP (Carboxin), Thiram e Thiram + Bavistin compelty. Mas Mukhtar *et al* (1991) relataram que o tratamento com Bavisitin deu o melhor resultado seguido por PCNB e Thiram, enquanto que entre onze fungicidas Vitavax e Thiram foi considerado o melhor. (Henriquez e Montelegre,1992)

Sugha *et al.* (1993) estudaram o efeito da carga de inóculos, tipo de solo, idade das plântulas e antagonistas fúngicos na incidência da podridão do colo do grão-de-bico na cv. C-235. Um aumento da carga de inóculos do patogénio aumenta a incidência da doença. O revestimento conidial dos antagonistas *Trichoderma viride, T. harzianum* e *Gliocladium roseum* nas sementes reduziu significativamente a mortalidade das plântulas (47-65%) em comparação com os controlos não tratados. (1995) testaram vários fungicidas juntamente com Vitavax + Thiram, Derosal em cinco concentrações e mostraram que Vitavax + Thiram e Quintozene eram mais eficazes tanto na inibição do crescimento micelial como na formação de escleródios.Islam *et al.* (2005) estudaram a eficácia de alguns isolados de Trichoderma, fungicidas e extractos de plantas para controlar *Rhizoctonia solani* e *Sclerotium rolfsii* do amendoim em condições in-vitro. Quatro fungicidas, nomeadamente Rovral 50 WP, Vitavax-200. Bavistin 50 WP e PCNB foram avaliados quanto ao crescimento radial de colónias de *R. solani* e *S. rolfsii* em PDA. Os extractos de plantas de alho, gengibre, neem e cebola em quatro concentrações diferentes também foram avaliados contra o crescimento de *R. solani* e *S. rolfsii* em PDA. Toorray *et al.* (2007) avaliaram sete fungicidas (cada um a 1000, 150 e 2000 ppm) contra *Sclerotium rolfsii* em condições in vitro. A inibição completa do crescimento de *S. rolfsii* foi registada por Captan, Thiram, Mancozeb, Hinosan, Antracol, enquanto Kavach mostrou inibição parcial a baixa concentração. A bavistina não mostrou muita inibição em todas as concentrações. Na avaliação *in vivo* entre 7 fungicidas e 2 agentes de controlo biológico contra S. rolfsii, Captan, Kavach e Thiram mostraram alguma redução na mortalidade pré-emergência, enquanto ambos os agentes de controlo biológico não mostraram proteção contra a mortalidade pré-emergência devida a *S. rolfsii.*

CAPÍTULO-3
MATERIAL E MÉTODOS

As presentes investigações foram efectuadas com o objetivo de estudar "Um estudo comparativo sobre técnicas de rastreio e ocorrência de possíveis fontes de resistência contra a podridão do colo do grão-de-bico". Os materiais utilizados e os métodos seguidos são descritos a seguir:

A. MATERIAL

1. Geral

Durante o inquérito, foram utilizados objectos de vidro fabricados em Borosil. Estes foram limpos com detergente em pó, seguido de enxaguamento em água da torneira e água destilada. Os objectos de vidro foram depois esterilizados num forno de ar quente a 180° C durante 2 horas. A agulha de inoculação e outros instrumentos metálicos foram esterilizados mergulhando-os em álcool e aquecendo-os ao lume. Foram aplicadas todas as medidas de precaução para esterilizar o inoculado na câmara.

Os meios de cultura foram esterilizados numa autoclave a 1,05 kg de pressão por polegada quadrada (15 lbs psi) durante 20 minutos a 121,6° C. O solo e a areia foram esterilizados a 2,10 kg de pressão por polegada quadrada (15 lbs psi) durante duas horas, durante dois dias consecutivos. As raízes das plantas doentes foram cuidadosamente lavadas com água da torneira e cortadas em pedaços. Os pedaços de raízes das amostras foram esterilizados à superfície, mergulhando-os numa solução de cloreto de mercúrio 1:1000 durante 1-2 minutos, seguida de três lavagens em água esterilizada.

As placas de Petri contendo os meios de cultura foram armazenadas durante 24 horas antes de serem utilizadas, para evitar a possibilidade de contaminação. Após o isolamento, as culturas dos isolados foram mantidas em meio PDA para investigações posteriores.

Os potes de barro foram esterilizados por imersão numa solução de $CuSO_4$ a 5%, seguida de uma lavagem com água antes da utilização.

2. Testar o agente patogénico

Sclerotium rolfsii, o organismo causal da podridão do colo do grão-de-bico.

3. Meios de cultura

Durante a investigação, foram utilizados os seguintes meios de comunicação, cujas composições são indicadas a seguir.

1) Meio de agar de dextrose de batata - (PDA)

Batata (descascada e cortada às rodelas) - 200 g

Dextrose-20 g

Ágar-ágar-20 g

Água destilada-1000ml

2) Caldo de Dextrose de Batata

Batata descascada-200g

Dextrose-20g

água-1000ml

Para a extração da batata, a batata foi descascada e cortada em pedaços e fervida em 500 ml de água. Em seguida, foi coada através de um pano de musselina. O ágar-ágar foi lavado com água e colocado em

500 ml de água e, em seguida, aqueceu-se até à sua fusão completa. O ágar-ágar derretido foi vertido no extrato de batata, tendo sido adicionada dextrose e a solução foi finalmente completada até um litro. O meio foi vertido num frasco cónico e esterilizado numa autoclave.

No caldo PD, foi utilizado um procedimento semelhante ao acima descrito, mas não foi adicionado ágar-ágar no caldo de dextrose de batata.

(B) MÉTODOS

1. Recolha, isolamento, purificação e identificação de patogénico

1.1 Coleção

As plantas infectadas que apresentavam sintomas de podridão do colo foram colhidas durante o mês de outubro a dezembro de 2009 em campos de grão-de-bico em JNKVV, Jabalpur. As amostras foram levadas para o laboratório de patologia do grão-de-bico, no âmbito do AICRP sobre o grão-de-bico, no Departamento de Melhoramento Vegetal e Genética, para isolamento e estudos complementares.

1.2 Isolamento do agente patogénico

Em primeiro lugar, as amostras de raízes recolhidas de plantas doentes foram cuidadosamente lavadas em água e deixadas a secar em papel mata-borrão. De cada amostra, foram cortados pequenos pedaços de raiz com a ajuda de uma lâmina afiada e, em seguida, estes pedaços de raiz infectados foram primeiro esterilizados à superfície com uma solução de cloreto de mercúrio (0, 1%), seguido de três lavagens em água esterilizada. Três pequenos pedaços de raízes foram mantidos nas placas de PDA vertidas e incubadas a 25+2° C durante 5 - 7 dias.

1.3 Purificação e identificação do agente patogénico associado

As culturas de *Sclerotium rolfsii* foram purificadas por subcultura através do método de ponta de hifa única e mantidas por transferência de massa em placas de PDA a 25+2° C para estudo posterior. Após a purificação, os isolados de *S. rolfsii* foram identificados através da observação dos caracteres da colónia e da formação de escleróćios. A morfologia e os caracteres culturais do fungo foram estudados. O material objetivo foi cultivado em meio de ágar dextrose de batata e mantido à temperatura de 25+1° C.

2. Técnicas de rastreio

As técnicas de seleção foram conduzidas no laboratório do Departamento de Fitopatologia do JNKVV de Jabalpur. O agente patogénico foi multiplicado em quatro substratos, nomeadamente palha de grão-de-bico, palha de trigo, grão de grão-de-bico e grão de trigo, para ser utilizado como fonte de inoculante. Foram utilizadas cinco cultivares, nomeadamente JG 74, JG 315, K 850 e JG 62, para comparar a técnica eficaz e menos morosa de rastreio do germoplasma de grão-de-bico relativamente à resistência à podridão do colo. Os pormenores são os seguintes:

- Técnica da palha de grão-de-bico
- Técnica da palha de trigo
- Técnica do grão-de-bico
- Técnica do grão de trigo

2.1 Cultura em massa de *Sclerotium rolfsii* em meio de palha de grão-de-bico e palha de trigo

A cultura em massa do agente patogénico foi feita em palha de trigo e palha de grão-de-bico, que foram primeiro lavadas com água, espremidas e depois esterilizadas num autoclave, enchendo sacos pp. A palha de trigo e a palha de grão-de-bico esterilizadas foram inoculadas com uma cultura de *Sclerotium rolfsii* e incubadas à temperatura ambiente (25 ± 2^0 C) durante 15 dias para se obter um crescimento profuso e denso de micélio fúngico e Sclerotia. O inóculo foi completamente misturado em areia esterilizada + solo (1:1) a 50g/2kg de solo (Gupta, 2001). O solo inoculado foi colocado em vasos e incubado durante cinco dias em casa de vegetação. Foram semeadas cinco sementes de grão-de-bico por vaso em cada tratamento, em três repetições. Os vasos foram irrigados como e quando necessário. Foram registadas observações sobre a contagem da emergência após 10 dias e a mortalidade das plântulas devido à podridão do colo até 40 DAS. Foram mantidos controlos paralelos não inoculados.

2.2 Cultura em massa de *Sclerotium rolfsii* em meio de grão de bico/trigo

Os vasos (6") foram enchidos com aproximadamente 2 kg de solo esterilizado. A cultura em massa do patogéneo foi feita em palha de trigo e palha de grão-de-bico, que foi primeiro lavada com água, espremida e depois esterilizada numa autoclave, enchendo sacos pp. A palha de trigo e a palha de grão-de-bico esterilizadas foram inoculadas com uma cultura de *Sclerotium rolfsii* e incubadas à temperatura ambiente (25 ± 2^0 C) durante 15 dias para se obter um crescimento profuso e denso de micélio fúngico e Sclerotia. O inóculo foi completamente misturado em areia esterilizada + solo (1:1) a 50g/2kg de solo (Gupta,2001). O solo inoculado foi colocado em vasos e incubado durante cinco dias em casa de vegetação. Foram semeadas cinco sementes de grão-de-bico por vaso em cada tratamento, em três repetições. Os vasos foram irrigados como e quando necessário. Foram registadas observações sobre a contagem da emergência após 10 dias e a mortalidade das plântulas devido à podridão do colo até 40 DAS. Foram mantidos controlos paralelos não inoculados.

3.1 Rastreio de genótipos de grão-de-bico contra a podridão do colo em estufa Net

A cultura em massa do agente patogénico foi feita em palha de grão-de-bico esterilizada inoculada com cultura de *S. rolfsii* e incubada à temperatura ambiente (25 ± 2^0 C) durante 7 dias para obter o crescimento profuso e denso de micélio fúngico e esclerócio. O inóculo foi cuidadosamente misturado em areia esterilizada + solo (1:1) a 100 g/ 2kg de solo. O solo inoculado foi colocado em tabuleiros e incubado durante 5 dias em casa de vegetação. Foram semeadas 20 sementes de grão-de-bico para cada genótipo. Os vasos foram regados de tempos a tempos e foram registadas observações sobre a contagem de plantas emergentes, a percentagem de podridão das sementes e a mortalidade das plântulas devido à podridão do colo. (até 30 DAS)

3.2 Resistência do hospedeiro

Para localizar as fontes de resistência à podridão do colo, foram adquiridas linhas de germoplasma de grão-de-bico do NBPGR e entradas do AICRP no centro principal de grão-de-bico, Departamento de Melhoramento de Plantas e Genética, JNKVV, Jabalpur. Foram semeadas duas filas de entradas de teste em filas de 4 m de comprimento, com 30 cm de distância, num campo com doenças múltiplas. O inóculo multiplicado em palha de grão-de-bico foi adicionado às linhas para manter a doença. Uma linha de controlo suscetível (JG 62) foi alternada após cada duas linhas de entradas de teste. Foram registadas observações sobre a contagem de emergência e a percentagem de mortalidade de plântulas devido à podridão do colo até aos 45 DAS.

A percentagem de mortalidade das plântulas foi calculada através da seguinte fórmula;

$$\text{Percentagem de mortalidade} = \frac{\text{Número de plantas doentes}}{\text{Número total de plântulas}} \times 100$$

Reação à doença

Ratin g	Categoria	Tipo de reação	Mortalidade das plântulas (%)
1	R	Resistente	0-10
2	RM	Moderadamente resistente	10.1-20
3	TR	Tolerante	20.1-40
4	S	Suscetível	40.1-60
5	HS	Altamente suscetível	60,0 e superior

4. Avaliação de fungicidas:

Os seguintes fungicidas foram testados em condições laboratoriais e de campo com o objetivo de conhecer a sua eficácia no crescimento micelial e na redução da percentagem de mortalidade devida à podridão do colo. Os pormenores são os seguintes:

Quadro: lista de fungicidas e respectivas dosagens

Tratamentos	Fungicidas	Dosagem/kg de sementes / litro de meio
T1	Piraclostrobina 20% WDG (Insignia)	1.0
T2	Piraclostrobina 20% WDG (Insignia)	1.5
T3	Piraclostrobina 20% WDG (Insignia)	2.0
T4	Piraclostrobina 20% WDG (Insignia)	4.0
T5	Carbendazime 50% WP	2.0
T6	Carboxina 75% WP	2.0
T7	Carboxina + tirame	2.0
T8	Controlo (não tratado)	-

4.1 In-Vitro

Fungicidas viz; Insignia (Pyraclostrobin) 20 por cento WDG, Bavistin (Carbendazim) 50 por cento WP, Vitavax (Carboxin) 75 por cento WP e Carboxin + Thiram foram testados contra *S. rolfsii* para ver o crescimento e a formação de esclerócios em PDA, por técnicas de alimentos envenenados. O Bavistin (Carbendazim) e o Vitavax (Carboxin) foram testados numa concentração de 0,2 por cento e o fungicida Insignia foi testado em concentrações de 0,1, 0,15 e 0,2 por cento. A quantidade necessária de fungicida foi diluída num tubo de ensaio com 10 ml de água esterilizada e misturada cuidadosamente para tornar a suspensão homogénea. Esta suspensão de fungicida foi vertida num frasco contendo 200 ml de meio PDA.

Quinze ml dos fungicidas acima referidos, adicionados a um meio, foram vertidos em placas de Petri esterilizadas em três réplicas e o controlo foi mantido sem fungicida. Após 24 horas, foi colocado um disco de cinco mm de uma cultura de *S. rolfsii* com sete dias de idade. As placas foram incubadas a 25 C durante 10 dias e foram registadas observações sobre o crescimento do fungo e a contagem de escleródios.

4.2 In Vivo

Os fungicidas de tratamento de sementes Viz; Insignia (Pyraclostrobin) 20 por cento WDG, Bavistin (Carbendazim) 50 por cento WP, Vitavax (Carboxin) 75 por cento WP e Carboxin + Thiram foram testados contra a podridão de sementes e plântulas devido a *Sclerotium rolfsii*. A experiência foi realizada num campo doente de murchidão localizado na quinta de reprodução de sementes, JNKVV Jabalpur. Os pormenores da experiência são os seguintes:

Tamanho da parcela : 4 x 0,90

Fileira : 30 cm de distância

Semente /parcela : 250 g

N.º de linhas : 3

Distância entre as parcelas: 60 cm

Fertilizante : DAP @ 100 kg/ha
SSP @ 100kg/ha
MOP @ 40 kg/ha
Data de sementeira : 15/1 1/09
Subir a irrigação : Um
Sachas : 2nd semana de dezembro de 2009
Colheita : 15th março de 2010
Observações registadas:

- Percentagem de emergência : Número de sementes/planta a 10 dias após a sementeira (DAS).
- Percentagem de incidência da doença (PDI) aos 20 e 30 dias após sementeira.

CAPÍTULO-4
RESULTADO

4.1 Sintomatologia: Observação visual de animais infectados plantas para avaliar a incidência da doença em diferentes fases do crescimento da cultura

A podridão do colo causada por *Sclerotium rolfsii* Sacc. é uma importante doença do grão-de-bico transmitida pelo solo, causando a mortalidade das plântulas na fase inicial de crescimento da cultura. Verificou-se que a doença ocorre principalmente na fase de crescimento das plântulas (15 a 45 dias). A planta afetada fica amarela e morre. As plântulas colapsam e apresentam podridão na região do colo e abaixo. As plantas afectadas são arrancadas com muita facilidade. Observou-se um crescimento micelial branco aderido à região do colo juntamente com esclerócios semelhantes a mostarda. (Placa 1)

Com base em observações visuais registadas em diferentes fases de crescimento da cultura, verificou-se que a gravidade da doença era mais pronunciada na fase de plântula, ou seja, 20 dias após a sementeira, e diminuía gradualmente com a idade da cultura. (Quadro 1)

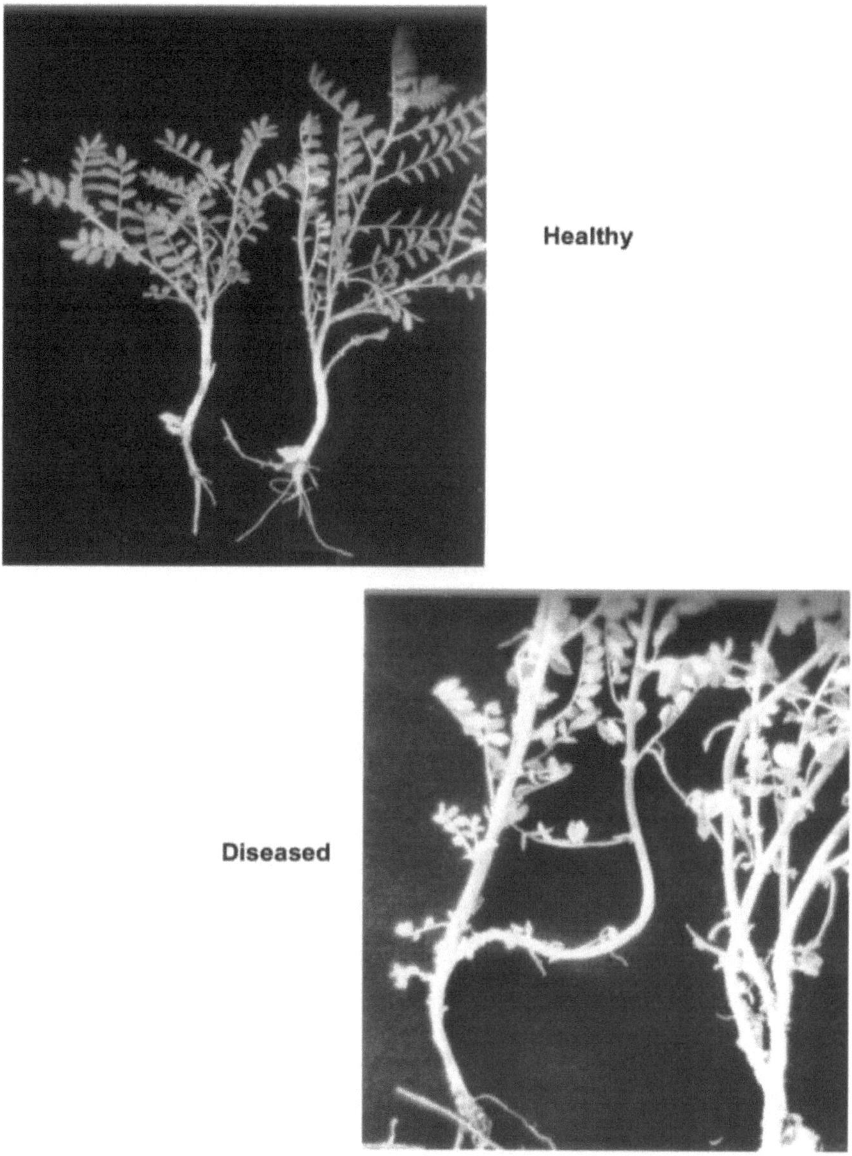

Placa - 1 Planta de grão-de-bico com sintomas de podridão do colo

Quadro 1: Incidência da podridão do colo em diferentes fases de crescimento da cultura.

Variedades	Fase de crescimento da cultura			
	Mudas		Floração	Floração e poda
	20 DAS	40 DAS	60 DAS	75 DAS
JG 315	+ +	-	-	-
K 850	+ + +	+ +	+	-
JG 74	+ + +	+ +	+	-
JG 62	+ + + +	+ + +	+	-

- (+) indica a intensidade da doença em diferentes fases do crescimento da cultura
- (-) indica que a doença não ocorreu em diferentes fases do crescimento da cultura

4.2 Recolha de plantas doentes

As plantas de grão-de-bico que apresentavam sintomas de podridão do colo foram colhidas em novembro e dezembro de 2009 em campos de grão-de-bico, JNKVV, Jabalpur. As amostras foram levadas para o laboratório de patologia do grão-de-bico, no âmbito do AICRP sobre o grão-de-bico, do Departamento de Melhoramento Vegetal e Genética, para isolamento e estudos complementares.

4.3 Isolamento, purificação e identificação de *Sclerotium rolfsii*

Os isolamentos de raízes de grão-de-bico infectadas com sintomas de podridão do colo foram efectuados em meio de ágar dextrose de batata. Verificou-se que *Sclerotium rolfsii* estava associado às raízes infectadas de todas as amostras recolhidas no campo. A cultura de *Sclerotium rolfsii* produziu uma coloração branca espessa a branca suja

colónia, profusamente ramificada, crescimento micelial fofo em forma de leque. Numerosos pequenos esclerócios esféricos foram desenvolvidos em PDA. Com base nos caracteres da colónia e no tipo de esclerócio produzido, o agente patogénico foi identificado como *Sclerotium rolfsii* Sacc. A cultura foi purificada pela técnica de ponta de hifa única e mantida em placas de PDA a uma temperatura de 25° C para investigações posteriores.

4.4 Teste de patogenicidade: comparação do rastreio técnicas para a podridão do colo em condições de estufa

O teste de patogenicidade foi efectuado utilizando diferentes técnicas de rastreio para determinar o seu desempenho comparativo no que diz respeito à eficiência e ao menor consumo de tempo para causar a mortalidade máxima devido à podridão do colo. Foram utilizadas quatro técnicas, nomeadamente palha de trigo, palha de grão-de-bico, grão de trigo e grão de grão-de-bico, e os dados são apresentados (Quadro 2). Em todas as técnicas, foram utilizadas quatro variedades, nomeadamente JG 74, JG 315, K 850 e JG 62. Após uma análise crítica dos dados, verificou-se que o início da doença devido às diferentes técnicas utilizadas após a inoculação variou entre 5 e 11 dias (quadro 2). Na técnica de inoculação de grãos de grão-de-bico, foram necessários cinco dias para iniciar a doença e, em 8 dias, as plantas das quatro variedades morreram em todas as repetições. Da mesma forma, a mortalidade máxima das plântulas após o início da doença variou de 5 a 20 dias, sendo mínima de 5 dias na técnica de inoculação de grãos de grão-de-bico e máxima na técnica de palha de trigo e palha de grão-de-bico, onde estas foram usadas como meio de envasamento. Nos vasos de controlo (não inoculados), todas as plantas permaneceram saudáveis.

(a) Wheat straw

(b) Chickpea straw

(c) Wheat grain

(d) Chickpea grain

Placa - 2 Teste de patogenicidade utilizando diferentes técnicas de inoculação da podridão do colo

(a) Meio de envasamento: Palha de trigo

(b) Meio de envasamento: Palha de grão-de-bico

(c) Meio de cultura: Grão de trigo

(d) Meio de envasamento: Grão de grão-de-bico

Quadro 2: Teste de patogenicidade: desempenho comparativo de diferentes técnicas de rastreio no que respeita ao início da doença e à percentagem máxima de mortalidade por *Sclerotium rolfsii*

	Técnicas utilizadas									
Variedades	Palha de trigo*			Palha de grão-de-bico*			Grão de trigo*		Grão-de-bico*	
Percentagem de mortalidade (DAS)	8	14	20	11	16	20	7	11	5	8
JG 74	20.0	33.3	46.6	20.0	26.6	53.3	66.6	33.3	33.3	66.6
JG 315	40.0	40.0	20.0	40.0	33.3	26.6	53.3	46.6	40.0	60.0
K 850	6.6	60.0	33.3	13.3	46.6	40.0	66.6	33.3	46.6	53.3
JG 62	13.3	60.0	26.6	6.6	33.3	46.6	73.3	26.6	13.3	86.6
Controlo (não inoculado)	0.0	0.0	0.0	0.0	0.0	0.0	0.0	0.0	0.0	0.0
SED	16-20	21.70	18.13	11.73	19.88	19.88	20.86	20.86	17.12	17.38
CD 5%	35.06	50.05	41.82	27.06	45.86	45.86	48.12	48.12	39.49	40.08

* (*) Média de três repetições.

4.5 Rastreio de entradas de grão-de-bico contra a podridão do colo

4.5.1Casa de rede

A experiência foi conduzida para selecionar as entradas de grão-de-bico (Desi e Kabuli) contra a podridão do colarinho em condições artificialmente inoculadas em casa de rede e os dados são apresentados no Quadro - 3.1 a 3.3 e na placa 3.(a) É evidente que o patogéneo causou a podridão das sementes (0 a 55%) e a mortalidade das plântulas (1560%) até 30 DAS. Das 55 entradas selecionadas em tabuleiro de plástico inoculado, nenhuma foi considerada resistente; no entanto, 13 entradas mostraram-se moderadamente resistentes. A doença foi encontrada na faixa de 0 a 80 por cento.

Tabela 3: Reação de entradas de grão-de-bico contra a podridão do colo em casa de rede (20 sementes semeadas em cada tabuleiro)

3.1 Desi : (Semeadura normal)

S. Não.	Entradas	Percentagem de emergência*	Percentagem de mortalidade	
			Podridão das sementes	Mortalidade das plântulas
1	GL 26054	75	25	40
2	GL 26083	80	20	45
3	NDG 9-21	80	20	20
4	BG 256	85	15	40
5	BGM 569	85	15	35
6	IPC 2004-17	80	20	35
7	BG 3003	80	20	45
8	PG 97030	60	40	15
9	GNG 1861	80	20	40
10	BG 3004	75	25	15
11	PG 00110	55	45	40
12	GNG 1958	95	5	60
13	BGD 1053	75	25	40
14	GNG 1936	80	20	35
15	KGD 1209	75	25	40
16	JG 14-11	80	20	20
17	GJG0619	70	30	35
18	KGD 1249	85	15	60
19	JG 9-3	50	50	40
20	GJG0714	80	20	45
21	H 04-68	80	20	15
22	GNG 469	80	20	60
23	H 04-75	80	20	60
24	PG 054	100	0	15
25	GJG 0703	75	25	25
26	GCP 105	25	25	25

3.2 Desi:(Semeado tardiamente)

S. Não.	Entradas	Percentagem de emergência*	Percentagem de mortalidade	
			Podridão das sementes	Mortalidade das plântulas
1	GL 21107	80	20	55
2	BG 372	80	20	45
3	BG 256	70	30	45
4	Phule G 03110	80	20	30
5	GSJ 592	75	25	45
6	H 04-49	65	35	30

3.3 Desi : (Rainfed)

S. Não.	Entradas	Percentagem de emergência*	Percentagem de mortalidade	
			Podridão das sementes	Mortalidade das plântulas
1	BG 3007	70	30	45
2	IPC 2004-98	75	25	60
3	Phule G 105-10-1	70	30	30
4	BG 3008	60	40	35
5	Vijay	70	30	65
6	GNG 1845	80	20	25
7	BG 3009	90	10	30
8	GNG 1941	90	10	55
9	BGD 1057	90	10	80
10	GNG 1946	90	10	25
11	BGD 1058	85	15	20
12	CSJ 571	90	10	30
13	BGM 572	65	35	40
14	RSG 888	80	20	30
15	GJG 0724	45	55	15
16	RSG 931	95	5	20
17	H 05-10	100	0	40
18	JG 1307	50	50	15
19	GJG 0504	60	40	15
20	JG14-110	55	45	20
21	GCP 101	100	0	30
22	H 05-24	95	5	15
23	RKG 114	100	0	55

Trinta e dois tipos de Kabuli foram também analisados para localizar a resistência do hospedeiro. Os dados são apresentados no quadro 3.4 a 3.5 e na placa III (b). É evidente que o agente patogénico causou a podridão das sementes (0 a 55%) e a mortalidade das plântulas (0 a 85%) até 30 DAS. Duas entradas, nomeadamente GNG 1969 e BG 2086, mostraram-se resistentes. No entanto, nove variedades mostraram-se moderadamente resistentes. A doença foi encontrada na faixa de 0 a 85 por cento.

3.4 Tipo Kabuli

S. Não.	Entradas	Percentagem de emergência*	Percentagem de mortalidade	
			Podridão das sementes	Mortalidade das plântulas
1	GLK 26155	80	20	30
2	BG 3010	80	20	35
3	IPCK 2005-23	75	25	15
4	GLK 26162	75	25	45
5	BG 1003	95	5	40
6	Phule G 0027	65	35	20
7	BG 1053	90	10	70
8	BGM 571	90	10	40
9	Vihar	60	40	30
10	BGM 568	75	25	25
11	GNG 1969	65	35	10
12	JGK 2003-304	65	35	15
13	HK 06-159	100	0	85
14	GNG 1979	65	35	25
15	JGK 2005-301	75	25	30
16	HK 06-152	75	25	75

3.5 Kabuli: Extra grande sem sementes

S. Não.	Entradas	Percentagem de emergência*	Percentagem de mortalidade	
			Podridão das sementes	Mortalidade das plântulas
1	BG 3002	65	35	40
2	BG 2085	80	20	30
3	IPCK 02	45	55	15
4	BG 2086	95	5	0
5	Phule G 9933-1	100	0	40
6	BG 3001	50	50	15
7	MNK 1	60	40	15
8	BG 3000	55	45	20
9	BG 3011	95	5	30
10	IPCK 491	75	25	35
11	BG 3012	70	30	25
12	IPCK 113	65	35	25
13	HK 06-160	100	20	40
14	Phule G 0517	75	15	25
15	Vihar	75	15	20
16	HK 06-168	70	30	15

* Número de cada sementeira/entrada - 20

4.5.2 Campo doente:

Para localizar as fontes de resistência do hospedeiro contra a podridão do colo, foram selecionadas entradas/genótipos juntamente com controlos susceptíveis JG 62 e K 850 no campo doente. As observações da percentagem de mortalidade devido à doença foram registadas até 45 dias após a sementeira e os dados são apresentados no quadro 4 e na placa 3.

Net house (a)

Net house (b)

Field view

Placa - 3. Rastreio de entradas de grão-de-bico contra a podridão do colo em casa de rede a, b e vista de campo

A doença foi observada na faixa de 0,0 a 100,0 por cento. Os dados revelam que, entre 183 entradas, 37 entradas foram consideradas livres de doença, 46 entradas apresentaram <10% de mortalidade e podem ser consideradas resistentes, 22 entradas apresentaram 10,1 a 20% de mortalidade e foram classificadas como moderadamente resistentes.

Quadro 4: Reação dos acessos de germoplasma de grão-de-bico à podridão do colo

S. Não.	Entradas	Emergência	Plantas doentes	Percentagem de mortalidade	Reação
1	IC 552054	34	3	8.8	R
2	IC 552056	26	2	7.6	R
3	IC 552057	33	12	36.3	EM
4	IC 552058	31	8	25.8	T
5	IC 552060	47	10	81.2	S
6	IC 552062	26	6	23.0	T
7	IC 552063	33	3	9.0	R
8	IC 552064	32	3	9.3	R
9	IC 552065	33	11	33.3	EM
10	IC 552066	31	9	39.0	EM
11	IC 552068	18	1	5.5	R
12	IC 552069	37	9	24.3	T
13	IC 552071	34	10	29.4	T
14	IC 552079	28	15	53.5	S
15	IC 552082	16	8	50.0	S
S. Não.	**Entradas**	**Emergência**	**Plantas doentes**	**Percentagem de mortalidade**	**Reação**
16	IC 552085	22	1	4.5	R
17	IC 552088	23	5	21.7	T
18	IC 552091	25	15	60.0	S
19	IC 552096	45	4	8.8	R
20	IC 552102	33	3	9.0	R
21	IC 552103	31	15	48.3	S
22	IC 552104	38	7	18.4	RM
23	IC 552108	33	6	18.1	RM
24	IC 552119	17	10	58.8	S
25	IC 552112	9	6	66.6	S
26	IC 552113	27	20	74.0	S
27	IC 552115	12	5	41.6	S
28	IC 552117	17	1	5.8	R
29	IC 552124	17	4	23.5	T
30	IC 552125	12	1	8.3	R
31	IC 552130	11	2	18.1	RM
32	IC 552131	16	7	43.7	S
33	IC 552132	16	4	25.0	T
34	IC 552135	17	10	58.8	S
35	IC 552136	24	15	62.5	S
36	IC 552137	21	13	61.9	S

S. Não.	Entradas	Emergência	Plantas doentes	Percentagem de mortalidade	Reação
37	IC 552139	20	9	45.0	S
38	IC 552142	24	24	100	S
39	IC 552150	19	8	42.1	S
40	IC 552152	15	4	26.6	T
41	IC 552153	19	9	47.3	S
42	IC 552154	35	5	14.2	RM
43	IC 552155	31	7	22.5	T
44	IC 552157	36	10	27.7	T
45	IC 552158	29	1	3.4	R
46	IC 552160	35	0	0	R
47	IC 552161	30	0	0	R
48	IC 552164	16	1	6.2	R
49	IC 552165	28	2	7.1	R
50	IC 552169	24	1	4.1	R
51	IC 552170	16	1	6.2	R
52	IC 552171	32	2	6.2	R
53	IC 552172	36	10	27.7	T
54	IC 552173	18	2	11.1	RM
55	IC 552174	22	2	9.1	R
56	IC 552175	7	1	14.2	RM
57	IC 552176	11	1	9.1	R
S. Não.	Entradas	Emergência	Plantas doentes	Percentagem de mortalidade	Reação
58	IC 552177	13	4	30.7	EM
59	IC 552178	11	9	81.8	S
60	IC 552180	19	3	15.7	RM
61	IC 552182	26	1	3.8	R
62	IC 552184	13	3	23.0	T
63	IC 552185	18	5	27.7	T
64	IC 552186	28	2	7.1	R
65	IC 552187	17	6	35.2	EM
66	IC 552188	20	1	5.0	R
67	IC 552189	14	10	71.4	S
68	IC 552190	23	5	21.7	T
69	IC 552191	29	1	3.4	R
70	IC 552192	49	2	4.0	R
71	IC 552193	26	5	19.2	RM
72	IC 552194	17	1	5.8	R
73	IC 552196	26	6	23.0	T
74	IC 552198	21	6	28.5	T
75	IC 55200	27	6	22.2	T
76	IC 552201	26	3	11.5	RM
77	IC 552203	21	0	0	R
78	IC 552204	27	2	7.4	R
S. Não.	Entradas	Emergência	Plantas doentes	Percentagem de mortalidade	Reação
79	IC 552 206	29	4	13.7	RM
80	IC 552207	30	1	3.3	R
81	IC 552209	18	0	0	R
82	IC 552212	18	7	38.8	EM
83	IC 552213	34	1	2.9	R
84	IC 552214	18	1	5.5	R
85	IC 552217	20	6	30.0	T

86	IC 552218	23	0	0	R
87	IC 552219	32	5	15.2	RM
88	IC 552220	35	1	2.8	R
89	IC 552222	25	6	24.0	T
90	IC 552223	34	2	5.8	R
91	IC 552224	19	3	15.7	RM
92	IC 552225	43	3	6.9	R
93	IC 552226	28	13	46.4	S
94	IC 552229	24	11	45.8	S
95	IC 552230	26	8	30.7	EM
96	IC 552231	23	18	78.2	S
97	IC 552232	24	14	58.3	S
98	IC 552233	32	20	62.5	S
99	IC 552234	21	7	33.3	EM
S. Não.	**Entradas**	**Emergência**	**Plantas doentes**	**Percentagem de mortalidade**	**Reação**
100	IC 552235	32	22	68.7	S
101	IC 552236	25	15	60.0	S
102	IC 552237	30	8	26.6	T
103	IC 552239	22	17	77.2	S
104	IC 552241	35	12	34.2	EM
105	IC 552242	28	16	57.1	S
106	IC 552244	29	19	65.5	S
107	IC 552245	36	18	50.0	S
108	IC 552247	33	14	42.4	S
109	IC 552249	23	6	26.0	T
110	IC 552250	29	11	37.9	EM
111	IC 552251	38	11	28.9	T
112	IC 552252	36	14	38.8	EM
113	IC 552253	17	12	70.5	S
114	IC 552254	42	3	7.1	R
115	IC 552255	34	12	35.2	EM
116	IC 552257	49	3	61.2	S
117	IC 552259	40	25	62.5	S
118	IC 552260	41	7	17.0	RM
119	IC 552261	41	31	75.6	S
120	IC 552262	30	20	66.6	S
S. Não.	**Entradas**	**Emergência**	**Plantas doentes**	**Percentagem de mortalidade**	**Reação**
121	IC 552264	33	25	75.6	S
122	IC 552265	34	21	61.7	S
123	IC 552266	32	9	28.1	T
124	IC 552267	41	8	19.5	RM
125	IC 552269	38	5	13.1	RM
126	IC 552270	30	23	76.6	S
127	IC 552273	29	12	41.3	S
128	IC 552274	34	6	17.6	RM
129	IC 552275	40	4	10.0	RM
130	IC 552276	34	4	11.7	RM
131	IC 552277	14	10	71.4	S
132	IC 552280	29	3	10.3	RM
133	IC 552281	30	1	3.3	R
134	IC 552282	23	20	86.9	S
135	IC 552284	49	5	10.2	RM
136	IC 552286	32	8	25.0	T

S. Não.	Entradas	Emergência	Plantas doentes	Percentagem de mortalidade	Reação
137	IC 552287	15	2	13.3	RM
138	IC 552291	19	7	36.8	EM
139	IC 552 293	33	2	6.0	R
140	IC 552294	28	2	7.1	R
141	IC 552295	54	0	0	R
S. Não.	**Entradas**	**Emergência**	**Plantas doentes**	**Percentagem de mortalidade**	**Reação**
142	IC 552296	32	0	0	R
143	IC 552297	24	2	8.3	R
144	IC 552298	33	1	3.0	R
145	IC 552299	37	3	8.1	R
146	IC 552300	32	2	6.2	R
147	IC 552301	22	1	4.5	R
148	IC 552302	24	2	8.3	R
149	IC 552303	24	0	0	R
150	IC 552304	17	1	5.8	R
151	IC 552305	27	0	0	R
152	IC 552306	20	0	0	R
153	IC 552307	17	2	11.7	RM
154	IC 552309	38	0	0	R
155	IC 552310	26	0	0	R
156	IC 55231 1	29	0	0	R
157	IC 552312	27	0	0	R
158	IC 552314	24	0	0	R
159	IC 552316	38	0	0	R
160	IC 552318	23	0	0	R
161	IC 552320	26	0	0	R
162	IC 552322	30	0	0	R
163	IC 552323	31	0	0	R
S. Não.	**Entradas**	**Emergência**	**Plantas doentes**	**Percentagem de mortalidade**	**Reação**
164	IC 552325	30	0	0	R
165	IC 552326	21	0	0	R
166	IC 552327	24	0	0	R
167	IC 552328	28	0	0	R
168	IC 552330	23	0	0	R
169	IC 552332	27	0	0	R
170	IC 552333	24	0	0	R
171	IC 552334	25	0	0	R
172	IC 552335	26	0	0	R
173	IC 552337	23	0	0	R
174	IC 552338	22	0	0	R
175	IC 552339	22	0	0	R
176	IC 552340	22	1	4.5	R
177	IC 552341	27	0	0	R
178	IC 552342	30	2	6.6	R
179	IC 552468	24	2	8.3	R
180	IC 552470	32	0	0	R
181	IC 552471	33	0	0	R
182	IC 552472	36	0	0	R
183	IC 552473	22	0	0	R
	JG 62	30	8	26.6	
	JG 315	36	10	27.7	

As entradas apresentaram uma reação resistente e moderadamente resistente:
Resistente (0 %) 37 entradas

IC 552160, IC 552161, IC 552203, IC 552209, IC 552218, IC 552295, IC 552296, IC 552303, IC 552305, IC 552306, IC 552309, IC 552310, IC 552 311, IC 552312, IC 552314, IC 552316,IC552318 , IC552320 ,IC552322 , IC552323 , IC 552325, IC 552326, IC 552327, IC 552328, IC 552330, IC 552332, IC552333 , IC552334 ,IC552335 , IC552337 , IC 552338,IC552339,IC552341, IC552470,IC552471,IC 552472, IC 552473,

Resistente (>10 %) 46 entradas

IC 552054, IC 552056, IC 552063, IC 552064, IC 552068, IC 552085, IC552096, IC 552102,IC55217,IC552125, IC 552158,IC552164 ,IC552165 , IC 552169, IC 552170,IC 552171, IC552174, IC552176, IC552182, IC552186,IC 552188,IC552191 ,IC552192 ,IC552194 , IC552204,552207, IC 552213, IC552214, IC552220, IC552223, IC552225, IC 552254,IC552275 , IC552281 ,IC552193 , IC552294 ,IC 552297, IC552298, IC552299, IC552300, IC552301,IC 552302,IC 552304, IC 552340, IC 552342, IC 552468.

Moderadamente resistente (11 - 20 %) 22 entradas

IC 552104, IC 552108, IC 552130, IC 552154, IC 552173, IC 552175, IC 552180, IC 552193, IC 552201, IC 552 206, IC 552219, IC552224, IC552260, IC552307, IC552269, IC 552274, IC552275, IC552276, IC552280, IC552284, IC 552287, IC 552267.

4.6 Efeito dos fungicidas no crescimento micelial e na formação de escleródios de *Sclerotium rolfsii* (*In vitro)*

Os resultados dos testes *in vitro* de fungicidas no crescimento e formação de escleródios de *S. rolfsii* apresentados no Quadro - 5 mostraram que a Piraclostrobina

20% WDG (Insignia) nas concentrações 1,0%, 1,5%, 2,0% e 4,0%, Carboxina 75% WP (Vitavax) 2,0%,

e Carboxin + Thiram 2.0% inibiram completamente o crescimento micelial e controlaram a formação de esclerócios. No entanto

O Carbendazim (Bavistin) 50% WP 2.0% teve um crescimento de colónias de 60 mm juntamente com os esclerócios no dia 10th de observação. As placas de Petri nas placas de controlo estavam completamente cobertas com o crescimento micelial no 7th dia.

A formação de esclerócios registada após dez dias mostrou que o número de esclerócios era maior na placa de controlo (270) em comparação com a placa tratada com Carbendazim (144). Não foi observada a formação de esclerócios noutros tratamentos. placa IV(a).

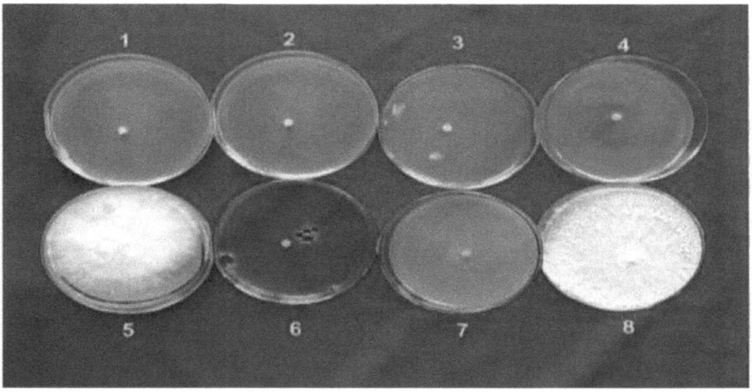

(a)

(b)

Placa 4 (a) Efeito dos fungicidas no crescimento e na formação de escleródios de *Sclerotium rolfsii* através da técnica dos alimentos envenenados

1. Piraclostrobina 20% WDG (insígnia) - 1,0%
2. Piraclostrobina 20% WDG (insígnia) - 1,5%.
3. Piraclostrobina 20% WDG (insígnia) - 2,0%
4. Piraclostrobina 20% WDG (insígnia) - 4,0%
5. Carbendazim 50% WP- 2,0%
6. Carboxina 75% WP- 2,0%
7. Carboxina + tirame - 2,0%
8. Controlo (sem tratamento) -- -

b) Vista de campo: Eficácia do tratamento fungicida de sementes contra a podridão do colo

Quadro - 5 Influência dos fungicidas no crescimento e nos escleróćios formação de *Sclerotium rolfsii*

S. Não.	Tratamen - tos	Fungicidas	Formulação g/kg de semente	*Diâmetro da colónia (mm)			Número de esclerócios / placa
				3rd dia	5th dia	7th dia	
1	T1	Piraclostrobina 20% WDG (Insignia)	1.0	0.0	0.0	0.0	-
2	T2	Piraclostrobina 20% WDG (Insignia)	1.5	0.0	0.0	0.0	-
3	T3	Piraclostrobina 20% WDG (Insignia)	2.0	0.0	0.0	0.0	-
4	T4	Piraclostrobina 20% WDG (Insignia)	4.0	0.0	0.0	0.0	-
5	T5	Carbendazime 50% WP	2.0	10.0	18.0	60.0	144
6	T6	Carboxina 75% WP	2.0	0.0	0.0	0.0	-
7	T7	Carboxina + tirame 75% WS	2.0	0.0	0.0	0.0	-
8	T8	Controlo (não tratado)	0.0	22.0	48.0	90.0	270

* Média de três repetições (-) Sem formação de esclerócios

4.7 Eficácia dos fungicidas como tratamento de sementes contra a podridão do colo do grão-de-bico após 30 dias:

A eficácia de quatro fungicidas, nomeadamente: piraclostrobina (insignia) 20% WDG em quatro doses 1,0%, 1,5%, 2,0% e 4,0%, carbendazim 50% WP 2,0%, carboxina 75% WP 2,0%, carboxina + tirame 2,0%/kg de semente, foi avaliada isoladamente e em combinação com o tratamento de sementes contra a podridão do colo do grão-de-bico. Carbendazim 50% WP 2.0% (T5) e Carboxin 75%WP 2.0%

(T6) mostraram redução na mortalidade pré-emergência, enquanto outros fungicidas não mostraram proteção. A percentagem mínima de mortalidade (6,7%) no caso do Insignia (T4) e a máxima no Carboxin + Thiram (19,8%) foram observadas, o que é relativamente menor em comparação com o controlo.

Quadro 6: Eficácia do tratamento fungicida de sementes isolado e em combinação contra a podridão do colo do grão-de-bico em condições de campo

S. Não.	Tratamentos		Percentagem de emergência *	Percentagem de podridão do colo *
1	T1	Insignia @ 1,0g/kg	92.0	14.4
2	T2	Insignia @ 1,5g/kg	92.7	15.6
3	T3	Insignia @ 2,0g/kg	95.4	11.1
4	T4	Insignia @4,0g/kg	94.0	6.7
5	T5	Carbendazim 50%WP@ 2,0 g/kg	89.0	16.5
6	T6	Carboxina 75% wp @2,0g/kg	82.5	17.8
7	T7	Carboxina + tirame a 2,0 g/kg	99.0	19.8
8	T8	Controlo (sem tratamento)	92.7	26.8

SED7 .05
CD 5%14 ,61
- (*) Média de quatro repetições.

CAPÍTULO-5

DISCUSSÃO

A podridão do colo causada por *Sclerofium rolfsii* Sacc. é uma das principais doenças do grão-de-bico. A doença causa a mortalidade das plântulas na fase inicial de crescimento da cultura (até 45 dias), resultando na redução da população de plantas. É um agente patogénico amplamente disseminado e omnívoro, transmitido pelo solo. A mortalidade das plântulas varia entre 54,7 e 95,7 por cento, como relatado por Kotasthane *et al.* (1976). Observações visuais de plantas infectadas para avaliar a incidência da doença em diferentes fases de crescimento da cultura levaram à conclusão de que a doença diminui gradualmente com a idade da cultura. A percentagem de mortalidade manteve-se elevada até aos 20-30 DAS. As plantas afectadas tornam-se amarelas, mostrando apodrecimento na região do colarinho com crescimento micelial branco (Aycock 1966, Punja 1988). Vários cientistas utilizaram diferentes técnicas de rastreio para localizar as fontes resistentes, mas não existe identificação de fontes resistentes. Por conseguinte, as presentes investigações foram realizadas para encontrar técnicas de rastreio eficazes para avaliar os genótipos de grão-de-bico contra a podridão do colo e para conhecer as possíveis fontes de resistência. A fim de descobrir o desempenho comparativo das técnicas de rastreio disponíveis, foram utilizadas palha de trigo, palha de grão-de-bico, grão de trigo e grão de grão-de-bico contra *S. rolfsii.* A experiência efectuada na estufa revelou que a mortalidade máxima das plântulas após o início da doença variou entre 8 e 20 dias, sendo mínima, ou seja, 5 dias. Na técnica de inoculação de grãos de grão de bico, um grão de grão de bico totalmente coberto com crescimento micelial foi colocado na região do colo de plântulas com 7 dias de idade. Sugha *et al.* (1991) desenvolveram técnicas de rastreio de variedades de grão-de-bico contra a podridão do colo, em que foi colocado um grão de trigo totalmente coberto com micélio do agente patogénico na região do colo de uma plântula com 7 dias de idade. A mortalidade das plântulas começou em 48 horas. Gupta (2001) relatou a reação de genótipos de grão-de-bico contra a podridão do colo usando um meio de envasamento misturado com palha de trigo, meio de areia @ 50 g de inoculam por 2 kg de mistura de areia esterilizada + solo (1:1). Para localizar a resistência do hospedeiro, 87 entradas de grão-de-bico dos tipos Desi e Kabuli rastreadas quanto à resistência à podridão do colo em condições artificialmente inoculadas revelaram a podridão das sementes e a mortalidade das plântulas até 30 DAS. Das 55 entradas Desi analisadas, nenhuma foi considerada resistente, mas 13 entradas apresentaram uma reação moderadamente resistente. Verificou-se que a doença ocorre entre 15 e 80 por cento. Em 32 tipos de Kabuli, duas entradas, nomeadamente GNG 1969 e BG 2086, foram consideradas resistentes. A doença variou de 0 a 85 por cento. Vários trabalhadores relataram a reação de variedades de grão-de-bico contra a podridão do colo em vasos e campos doentes. (Chitle *et al.* 1990, Reddy *et al.* 1990, Sugha *et al.* 1991). Gupta e Babbar (2003) referiram que, entre 423 genótipos de grão-de-bico desi e kabuli selecionados em parcelas doentes com doenças múltiplas, 5 genótipos de desi e 4 de kabuli foram considerados resistentes e 39 moderadamente resistentes. O rastreio de genótipos de grão-de-bico, juntamente com o controlo suscetível JG 62 e K 850 no campo doente, revelou uma mortalidade de 0 a 100% até 45 DAS. Entre 183 entradas, 37 foram consideradas isentas de doença, 45 entradas apresentaram uma mortalidade inferior a 10% e podem ser consideradas resistentes. No entanto, é necessária uma confirmação adicional. Os genótipos de grão-de-bico também foram analisados por vários trabalhadores e, com base na avaliação de parcelas doentes e de campo, foram identificadas fontes resistentes à podridão do colo. Gurha e Dubey (1983) encontraram possíveis fontes de resistência no grão-de-bico contra *S. rolfsii* (H 208, K 902, K 850, ICC 1505, ICC 6161) como resistentes. Chitle *et al.* (1990) relataram que RSG 130 e RSG 132 eram resistentes e RSG 191 era moderadamente resistente à podridão do colo. Reddy *et al.* (1990) registaram variedades de grão-de-bico resistentes à murchidão e à podridão do colo. A avaliação foi efectuada no centro ICRISAT durante as épocas de 1985-86 a 1988-99, com uma linha de cultivar suscetível JG 62 entre cada segunda linha de linhas de ensaio. A mortalidade da JG 62 em todas as quatro épocas foi de 100%. As linhas avrodhi e ICC 48, que foram testadas em todas as épocas, tiveram uma mortalidade inferior a 20 por cento. Por outro lado, a linha GCP 6, que foi testada em 3 épocas, também apresentou uma mortalidade inferior a 20 por cento. Gupta e Mishra (2009) referiram que 1229 linhas de germoplasma de grão-de-bico foram testadas contra a podridão do colo em 2001-06, tendo sido encontrados 12 acessos

Com o objetivo de descobrir fungicidas eficazes como corretivo de sementes, quatro fungicidas isolados e em combinação testados *in vitro* quanto à sua eficácia contra *S. rolfsii* indicaram que Pyraclostrolsin 20% WDG na concentração 1.0%, 1.5%, 2.0% e 4.0%, Carboxin 75%, WP 2.0%, e Carboxin + Thiram 2.0% inibiram completamente o crescimento micelial e controlaram a formação de escleròcios. No entanto, o Carbendazim 2,0% inibiu parcialmente o crescimento micelial e a formação de escleròcios. Vários trabalhadores relataram a eficácia de Thiram, Vitavax, Dithane M-45 contra *S. rolfsii* (Baker 1988). Haralpur (1988) verificou que o patogéneo foi inibido por Vitavax (Carboxin), Thiram e outros dois fungicidas. Rondan *et al.* (1995) testaram vários fungicidas juntamente com Vitavax + Thiram, Derosal em cinco concentrações, e mostraram que Vitavax + Thiram e Quintozene foram mais eficazes tanto na inibição do crescimento micelial como na formação de escleròcios. Toorray *et al.* (2007) avaliaram sete fungicidas (cada um a 1000, 1500 e 2000 ppm) contra *S. rolfsii* em condições *in vitro*. A inibição completa do crescimento de *S. rolfsii* foi registada por Captan, Thiram, Mancozeb, Hinosan, Antracol, enquanto Kavach mostrou inibição parcial a baixa concentração. A bavistina não mostrou muita inibição em todas as concentrações.

O mesmo conjunto de fungicidas usados como tratamento de sementes na verificação da mortalidade pré e pós-emergência em campo doente indicou que Carbendazim e Carboxin foram mais eficazes na redução da mortalidade pré-emergência, enquanto outros fungicidas foram ineficazes. A porcentagem mínima de mortalidade (6,7%) na concentração de 4,0% de Piraclostrobina, e a máxima (19,8%) em Carboxin + Thiram foi observada, o que é relativamente menor em comparação com o controle. Toorray *et al.* (2007) estudaram sete fungicidas e dois agentes de controlo biológico contra *S. rolfsii*, Capton, Kavach e Thiram mostraram alguma redução na mortalidade pré-emergência, enquanto ambos os agentes de controlo biológico não mostraram proteção contra a mortalidade pré-emergência devida a *S. rolfsii.*

Mukhtar *et al.* (1991) referiram que o tratamento com Bavistin deu o melhor resultado, seguido de PCNB e Thiram. Entre os onze fungicidas, Vitavax e Thiram foram os melhores. (Henriquez e Montelegre, 1992).

CAPÍTULO- 6
RESUMO, CONCLUSÃO E SUGESTÕES PARA TRABALHOS FUTUROS

Resumo e conclusão

O grão-de-bico (*Cicer arietinum* L.) é uma das mais importantes leguminosas cultivadas em Madhya Pradesh após a estação das chuvas. A podridão do colo causada por *Sclerotium rolfsii* é uma doença importante do grão-de-bico. Infesta a cultura dos 15 aos 45 DAS. A gravidade da doença varia de local para local, dependendo do inóculo e das condições culturais ou físicas do solo. Nos presentes estudos, foram feitos esforços para descobrir a melhor técnica de rastreio e possíveis fontes de resistência do hospedeiro contra a doença.

Com base em observações visuais registadas em diferentes fases de crescimento da cultura, verificou-se que a gravidade da doença era maior na fase inicial da cultura, ou seja, aos 20 DAS, diminuindo com a idade da cultura.

A fim de conhecer a técnica de rastreio mais eficaz em casa de vegetação, das quatro técnicas utilizadas, a técnica de inoculação de grãos de grão-de-bico seguida de grãos de trigo foi a que melhor iniciou a doença e causou a mortalidade das plântulas no mínimo DAS.

De 87 entradas de grão-de-bico, compreendendo 55 tipos desi e 32 tipos kabuli, avaliadas quanto à resistência do hospedeiro em condições de estufa, nenhum dos tipos desi foi considerado resistente. No entanto, num rastreio de campo de acessos de germoplasma de grão-de-bico contra a podridão do colo, entre 183 entradas, 37 foram consideradas isentas de doença, 45 apresentaram uma mortalidade inferior a 10% devido à podridão do colo. Entre os quatro fungicidas testados isoladamente e em combinações (*in vitro), concluiu-se* que a piraclostrobina na concentração de 1,0%, 1,5%, 2,0% e 4,0%, a carboxina 2,0% e a carboxina + tirame 2,0% inibiram completamente o crescimento micelial e controlaram a formação de esclerócios; no entanto, o carbendazim foi menos eficaz. As placas de Petri no controlo estavam completamente cobertas com o crescimento micelial e a formação de esclerócios ocorreu no dia 7th .

O mesmo conjunto de fungicidas foi usado como tratamento de sementes para verificar a mortalidade pré e pós-emergência em campo doente, indicando que

Carbendazim e Carboxin 2,0 por cento mostraram redução na mortalidade pré-emergência. A mortalidade mínima pós-emergência (6,7%) ocorreu na concentração de 4,0% de Piraclostrobina e a mortalidade máxima pós-emergência percentual em Carboxin + Thiram 2,0% (19,8%), que é relativamente menor em comparação com o controle.

Sugestões para trabalhos futuros

As conclusões do presente inquérito devem ser confirmadas através da utilização de um maior número de técnicas de rastreio para verificar a sua eficácia comparativa.

É necessário identificar fontes estáveis de resistência contra a podridão do colo através do rastreio de um grande número de acessos de germoplasma no campo e em condições de infestação com isolados mistos de *S. rolfsii* recolhidos em diferentes zonas de cultivo de grão-de-bico de M. P.

O resultado obtido no tratamento de sementes com fungicidas para gerir a mortalidade de plântulas devido a *S. rolfsii* requer confirmação adicional através da realização de ensaios de campo em grande escala.

É necessário experimentar fungicidas misturados com estirpes insensíveis de *Trichoderma viride*, a fim de encontrar uma gestão eficaz desta doença derivada do solo.

REFERÊNCIAS

Agrawal, S. C., P. S. Agrawal, e M. N. khare (1976). Suceptibilidade das plantas de lentilha a *Sclerotium rolfsii* Sacc em diferentes fases de crescimento, *JNKVV, Res. J.* 10 :73.

Anónimo (2006). Agricultural statistics at a glance. Departamento de Agricultura do Governo da Índia, Nova Deli.

Anónimo (2009). Agricultural Statistics at a glance. Departamento de Agricultura do Governo da Índia, New Dehli.

Ansari, M. M., G . K. Gupta e S. K. Agnihotri (2000). Myceliogenic groups of *Sclerotium rolfsii* isolates of Soyabean in india. [st]*Simpósio nacional sobre a gestão das doenças das culturas, perspectivas e desafios no século XXI, Jaipur, novembro,* 24-25.

Aycock (1966). Podridão do caule e outras doenças causadas por *Sclerotium rolfsii. Nc Agric. Exp. 8th Tec.* 174 - 202.

Babar, H. M; M. K. Siddiqua; A -T -M - S Islam; M. M. Islam; M. B. Meah 2005).Screening of sunflower varieties against collar rot disease under natural and induced epiphytotic condition. *Bangladesh Journal of Pant Pathology.* 21 (1/2):39-42.

Baker, M. A. (1988). Efeito do tratamento químico das sementes antes da sementeira no controlo da doença da podridão do colo do grão-de-bico. proc - *13th Ann. Bangladesh sci. sec.* 1.pp. 1 - 90.

Butler, E.J.(1918). Fungi and disease in plants. *Publ. M/S Bishen Singh, Mahendra Pal Singh. New Cannaught place, Dehradun e M/S periodic exports*, 42 - D, *Vivek Bihar, Delhi* 32, 547 pp.

Chitle, Kalpna, R.N.S. Tyagi e R. D. Singh (1990).Reação de cultivares de grão-de-bico à doença da podridão do colo induzida por *Sclerotium rolfsii. Indian J. Mycol. Pl.Patho,*20 (3): 262 - 263.

Curzi, M. (1932). Studi su 10 *Sclerotium rolfsii* Boll. R. Staz. Pat. Veg., (N.S.), 11 : 306 - 373.

Ding - Caiping; Huang - Siliang; Lu - Shao Feng (2005). Isolamento e caraterização de *Sclerotium rolfsii* causador do míldio do alho-francês. *Southwest China - Journal - of Agricultural Sciences.* 18 (3) : 302 - 305.

Gupta, Om (2001). Occurrence of sources of resistance in desi and kabuli chickpea genotypes against collar rot and yield attributing character, apresentado na *conferência internacional sobre o grão-de-bico realizada no IGKVV, Raipur (Abst)*, p. 64.

Gupta, Om e Anita Babbar (2006). Identificação de genótipos de grão-de-bico desi e kabuli para resistência múltipla contra doenças transmitidas pelo solo. *Indian - Journal - of - Pu lses - Research.* 19 (1): 129 - 130.

Gupta,Om e Madhuri Mishra (2009). Triagem de acessos de germoplasma de grão-de-bico para resistência à podridão do colo. *Journal of food legumes* 22(2):140-141.

Gurha, S. N. e R. S. Dubey (1983).Ocorrência de possíveis fontes de resistência no grão-de-bico (*Cicer arietinum* L.) contra *Sclerotium rolfsii* Sacc. *Madras Agric. J. coimbatore,* 70 (1) : 63-64.

Haralpur, S. I; Srikant Kulkarni; R. K e S. Kulkarni (1988). Estudos sobre alguns aspectos da podridão do pé do trigo causada por *Sclerotium rolfsii* Sacc. Plant Path. News letter 6: p 49.

Haware , M. P. e J. N. Rao (1994). Um método rápido de rastreio e controlo químico da podridão das sementes e da podridão do colo, *Indian.J.Pl. Prot.,* 22 : 159 - 163.

Henriquez, S. J. e A. J. Montealegre (1992). Controlo químico de *Sclerotiu rolfsii* Sacc. Agricultura - Tenica - Sanitago 32 : 29 - 84.

Hussain, A; S. M. Iqblal; N. Ayub; M. A. Zahid (2005). Seleção de germoplasma de grão-de-bico para resistência à doença da podridão do colo. *Pakistan Journal of Agriculture, Agriculture Engineering, Veterinary Science.* 21 (1) : 32 - 34.

Hussain, Azhar; S. M. Iqbal; Najma Ayub; M. A. Zahid (2006). Fator que afecta o desenvolvimento da doença da podridão do colarinho no grão-de-bico. *Paquistão - Jornal - de - Botânica.* 38 (1) : 211 - 216.

Islam,-M.N; M. G. Raihan; Z. A. Rafia (2005). Avaliação in vitro de trichoderma, fungicidas e extractos de plantas contra *Rhizoctonia solani* e *Sclerotium rolfsii* de amendoim. *International Journal of Sustainable Agriculture Technology* 1 (1) :14 -23.

Karat, K.P.R; R. Venugropal; J. V. Goud (1985). Identificação da resistência de campo e da sintomatologia da podridão do colo do feijão-frade causada por *Sclerotium rolfsii* em condições naturais. *Plant Pathology - Newsletter.* 1985, 3: 1 - 2, 23.

Kotasthane, S. R., P. S. Agrawal, L. K., Joshi e Laxman, Singh (1976). Estudos sobre o complexo de murcha da grama de Bengala *Res. J.*, 10 : 257 - 258.

Kraft. J.M; M. P, Haware; R. M. Jimenez - Diaz; B. Bayaa; M. Harrabi; F.J. Muehlbauer; W. J. Kaiser (1994). Técnicas de seleção e fontes de resistência às podridões radiculares e à murchidão em leguminosas alimentares de estação fria. *Procedimentos da segunda Conferência Internacional de Investigação de Leguminosas Alimentares sobre ervilha, lentilha, fababean, grão-de-bico e grão-de-bico, Cairo, Egito, 268 - 289;* 130 *ref.*

Mukhtar J; Y. P. S. Rathi; A. A. Khan (1991) Effect fungicidal seed and soil application on collar rot of chickpea (Cicer aritinum). Bioved. 2: 75 - 76.

Pandey, K . K; e P. K. Pandey (2005). Técnica de inoculação para rastreio artificial rápido contra a doença da podridão do colo dos produtos hortícolas e fontes de resistência em Brinjal. International Journal of Tropical Plant Disease 19 (1/2): 155 - 162.

Punja, Z. K. (1988). Sclerotium (Athelia) rolfsii, a pathogen of many plants spicies, In: Sidhu G. S. ed. Genetics of plant pathogenic fungi. Vol. 6 Londres: Academic Press, P. 523 - 524.

Punja, Z. K. e J. E. Rahe(1992). Sclerotium pp. 160 - 170. In: Single - ton, 22 Mihali J. D., Rush CM, Eds. Method for research on soil borne phytopatogenic fungi. St. Poul, APS Press.

Reddy, M. V. , T. N. Raju e Y. L. Nene (1990). Avaliação de linhas de grão-de-bico nos ensaios varietais coordenados em toda a Índia para resistência à murchidão e à podridão radicular. International chickpea news letter, 23 : 22.

Rolfs, P. H. (1892). O míldio do tomateiro: algumas dicas. Florida Agr. Exp. Sta. Bull, 18.

Rondon, A; Y. Flores; E. Soto; e Y. Mujica (1995). Controlo químico in vitro e em estufa de fungos causadores da podridão branca.

Revista - de - la - Faculated - de - Agronomía, - Universidad - del - Zulia 12 : 1 - 13.

Saccardo, P.A. (1913). *Sclerotium rolfsii* Sylloge fungorum xxii Pavia Itália 1500.

Sahu, K. C; F. A. Narain; e N. C. Swain (1990). Bioensaio de fungicidas selecionados para o tratamento de sementes contra *Sclerotium rolfsii* no amendoim. *Environ. Ecol. 8 :* 485 - 487.

Sugha, S. K; B. K, Sharma e P. D, Tyagi (1991). Técnicas modificadas para o rastreio de variedades de grão-de-bico (Cicer arietinum) contra a podridão do colo causada por *Sclerotium rolfsii. Indian - Journal - of - Agriculture - Science,* 61: 4. 289- 290; 5 *ref.*

Sugha, S. K; B. K, Sharma; e P. D, Tyagi (1993) Fator que afecta o desenvolvimento da podridão do colo da grama (cicer arietinum) causada por *Sclerotium rolfsii.Indian - Journal - of - Agriculture - Sciences,* 63: 6, 382 - 385, 8 *ref.*

Toorray, N. K; K. P. Verma; e A. K. Sinha (2007). Avaliação de fungicida e bio-agentes contra *Sclerotium rolfsii* sacc. causando a doença da podridão do colarinho do grão-de-bico em condições de laboratório e de campo. *Avanços em ciências vegetais.* 20 (2) : 439 - 442.

Weber , G. F. (1931). Praga da cenoura causada por *Sclerotium rolfsii* com distribuição geográfica e gama de hospedeiros do fungo. *Indian Phytopath*, 22 : 1129 - 1140.

MIX
Papier aus verantwortungsvollen Quellen
Paper from responsible sources
FSC® C105338

Printed by Books on Demand GmbH, Norderstedt / Germany